CONTRIBUTIONS A LA FAUNE MALACOLOGIQUE FRANÇAISE

I

MONOGRAPHIE

DES GENRES

BULIMUS ET CHONDRUS

PAR

ARNOULD LOCARD

LYON
IMPRIMERIE PITRAT AINÉ
4, RUE GENTIL, 4

1881

MONOGRAPHIE

DES GENRES

BULIMUS ET CHONDRUS

Extrait des *Annales de la Société Linnéenne de Lyon*
tome XXVIII, année 1881

CONTRIBUTIONS A LA FAUNE MALACOLOGIQUE FRANCAISE

I

MONOGRAPHIE
DES GENRES
BULIMUS ET CHONDRUS

PAR

ARNOULD LOCARD

LYON
IMPRIMERIE PITRAT AINÉ
4, RUE GENTIL, 4

1881

CONTRIBUTIONS A LA FAUNE MALACOLOGIQUE FRANÇAISE

I

MONOGRAPHIE

DES GENRES

BULIMUS ET CHONDRUS

HISTORIQUE DU GENRE BULIMUS

La singulière histoire du genre *Bulimus* est aujourd'hui bien connue. Moquin-Tandon (1) et M. Bourguignat (2) ont parfaitement raconté les étranges péripéties subies par le nom de *Bulinus* proposé par Adanson(3) pour *Bullinus* (*Bulla*, petite bulle) et transformé en *Bulimus* par Scopoli (4). Ce genre créé d'abord pour un mollusque aquatique s'applique maintenant à des mollusques terrestres. Quoi qu'il en soit, sa spécification est désormais trop bien admise par tous les malacologistes pour qu'il convienne de la modifier.

(1) Moquin-Tandon, 1855. *Histoire des mollusques de France*, t. II, p. 287. — 1855. *In Rev. et mag. zoologie*, n° 5.

(2) Bourguignat, 1877. *Description de deux nouv. genres algériens*, p. 23 (*In Bull. soc. sc. phys. et nat. de Toulouse.*)

(3) Adanson, 1757. *Histoire naturelle du Sénégal*, p. 5, pl. I (le *Bulin*, *Bulinus*).

(4) Scopoli, 1777. *Introd. ad hist. nat.*, p. 392.

Draparnaud en 1805, dans son *Histoire des mollusques de France*, avait signalé pour notre faune huit espèces dans le genre Bulimus :

Bulimus radiatus, Bruguière.
— *montanus*, nov. spec.
— *obscurus* (*Helix obscura*, Müller).
— *lubricus* (*Helix lubrica*, Müller).
— *acicula* (*Buccinum acicula*, Müller).
— *decollatus* (*Helix decollata*, Linné).
— *acutus*, nov. sp.
— *ventricosus* (*Helix acuta*, Müller).

En 1831, Michaud, dans le *Complément à l'histoire des mollusques*, conserva ces mêmes espèces en y ajoutant le *Bulimus Collini* (1) ; il donna en outre la description de l'animal du *Bulimus montanus*.

Dans son *Histoire naturelle des mollusques*, M. l'abbé Dupuy établit dans ce genre trois coupes sous-génériques :

A. — Variabiles (*B. ventrosus*, *B. acutus*).
B. — Bulimi veri (*B. detritus*, *B. montanus*, *B. obscurus*, *B. Astierianus*).
C. — Truncati (*B. decollatus*).

Comme on le voit, ce savant auteur, tout en conservant l'ensemble des espèces admises par Draparnaud, les avait groupées méthodiquement ; en outre, rejetant le *Bulimus acicula* dans le genre *Achatina*, il avait rendu au *Bulimus radiatus* de Draparnaud son véritable nom plus ancien de *Bulimus detritus* créé par Linné ; enfin, il avait ajouté à cette liste une espèce nouvelle, le *Bulimus Astierianus*.

Moquin-Tandon a compris le genre *Bulimus* d'une façon toute différente, en lui donnant une bien plus grande extension. Il fait rentrer à juste titre dans le genre *Helix* les *Bulimus ventricosus* et *B. acutus* de Draparnaud ; il rajoute, au contraire, les *Pupa 3-dens* et *P. 4-dens* de Draparnaud, et subdivise son genre *Bulimus* en huit sous-genres comprenant onze espèces toutes déjà connues :

(1) Malgré nos recherches dans les collections Michaud déposées la première au muséum de Lyon, la seconde au musée de Mâcon, nous n'avons retrouvé aucunes traces de ce *Bulimus Collini*. D'après Deshayes, *in* Moquin-Tandon *(Histoire des mollusques)*, ce serait une forme de taille plus grande et d'un galbe plus ventru du *Bulimus montanus*. M. l'abbé Dupuy le fait également rentrer dans la synonymie de ce même Bulimus.

I — Ena (*B. montanus*, *B. obscurus*).
II — Bulimulus (*B. detritus*).
III — Chondrus (*B. tridens*).
IV — Gonodon (*B. niso*, *B. quadridens*).
V — Azeca (*B. Menkeanus*).
VI — Cochlicopa (*B. subcylindricus*, *B. folliculus*).
VII — Acicula (*B. acicula*).
VIII — Rumina (*B. decollatus*).

Aujourd'hui, cette coupe des Bulimes français ne saurait être adoptée avec les progrès qu'ont faits les sciences malacologiques. Plusieurs des noms sous-génériques sont devenus de véritables genres admis par tous les auteurs. Pour nous, les sous-genres *Ena* et *Bulimulus* constituent le véritable genre *Bulimus*, de même que les *Choudrula* et *Gonodon* se rapportent au genre *Chondrus*. Enfin, les *Azeca*, *Cochlicopa*, *Acicula* et *Rumina* de Moquin-Tandon sont devenus les genres *Azeca*, *Ferussacia*, *Cæcilianella* et *Rumina* de M. Bourguignat et de plusieurs autres auteurs, de telle sorte que le genre *Bulimus* de Moquin-Tandon comporte aujourd'hui six genres bien distincts. Jetons maintenant un rapide coup d'œil sur chacun de ces différents genres.

RUMINA. — Le genre *Rumina*, créé en 1826 par Risso (1) pour une seule forme française, l'*Helix decollatus* Linné (2), a tour-à-tour été appelée : *Helix*, *Bulimus*, *Bulinus*, *Rumina*, *Obeliscus* et *Stenogyra*. La dénomination imposée par Risso étant la plus ancienne, et s'appliquant réellement à cette forme bien définie, il convient de la conserver.

CŒCILIANELLA. — Ce nom a été donné par M. Bourguignat (3) à une série de mollusques ayant pour type le *Buccinum acicula* de Müller (4). Ils diffèrent tellement des Bulimes par leurs mœurs, comme par le galbe général de leur coquille que ce même auteur en a fait ensuite une famille, les *Cœcilianellidæ* (5) qu'il classe (6) entre les *Helicidæ* et les *Glandinidæ*, soit entre les *Vertigo* et les *Carychium* français.

(1) Risso, 1826. *Hist. nat. Eur. merid.*, t. IV, p. 79.
(2) Linné, 1758. *Systema naturæ*, édit. X, I. p. 777.
(3) Bourguignat, 1856. *Aménités malacologiques*, II, p. 210.
(4) Müller, 1774. *Verm. terr. et fluv. hist.*, II, p. 150, n° 340.
(5) Bourguignat, 1864. *Malacologie de l'Algérie*, II, p. 108.
(6) Bourguignat, 1877. *Descr. deux nouv. genres algériens*, etc., p. 31.

On a décrit neuf Cœcilianelles françaises, ce sont :

Cœc. acicula, Müller (1). — Toute la France.
— *Liesvillei*, Bourguignat (2). — Un peu partout.
— *aglena*, Bourguignat (3). — L'Aube, l'Aisne.
— *eburnea*, Risso (4). — Le Midi.
— *uniplicata*, Bourguignat (5). — La Savoie, l'Hérault, les Pyrénées.
— *enhalia*, Bourguignat (6). — La Bretagne.
— *lactæa*, Moitessier (7). — L'Hérault.
— *Mauriana*, Bourguignat (8). — Les Alpes-Maritimes.
— *Merimeana*, Bourguignat (9). — Les Alpes-Maritimes.

Toutes ces formes assez voisines les unes des autres, mais cependant pour la plupart faciles à distinguer, n'ont donné lieu à aucune coupe sous-générique.

FERUSSACIA. — C'est encore Risso (10) qui le premier a séparé ce genre confondu jusqu'alors avec les Bulimes. M. Bourguignat, en 1856, l'a admis (11), et depuis il en a donné plusieurs études monographiques (12). Il le subdivise d'abord en deux grandes sections les *Zua* et les *Euferussacia*. Les *Euferussacia* sont ensuite subdivisés en trois groupes, les *Folliculina*, *Procerulina* et *Hohenwartiana*. Les formes françaises appartenant à ce genre sont les suivantes :

A. — ZUA.

Fer. subcylindrica, Linné (13). — Toute la France.
— *Collina*, H. Drouët (14). — La France moyenne et orientale.
— *cylindrica*, Massot (15). — Les Pyrénées-Orientales.
— *exigua*, Menke (16). — La Moselle, l'Isère, l'Ariége, la Haute-Garonne.

(1) Müller, 1774. *Verm. terr. et fluv. hist.*, II, p. 150.
(2) Bourguignat, 1856. *Aménités malacologiques*, I, p. 2.7, pl. XVIII, f. 6-8.
(3) Bourguignat, 1860. *Aménités malacologiques*, II, p. 31, pl. I, f. 3-4.
(4) Risso, 1826. *Hist. nat. Eur. merid.*, IV, p. 81.
(5) Bourguignat, 1864. *Malacologie d'Aix-les-Bains*, p. 35, pl. II, f. 3-5.
(6) Bourguignat, 1860. *Malacologie de la Bretagne*, p. 158, pl. II, f. 14-16.
(7) Moitessier, 1867. *In Rev. et mag. zool.*, 2e sér., t. XIX, p. 371.
(8) Bourguignat, 1870. *In Mém. Soc. sc. nat. de Cannes*, I, p. 54.
(9) Bourguignat, 1870. *In Mem. Soc. sc. nat. de Cannes*, I, p. 54.
(10) Risso, 1826. *Hist. nat. Eur. mérid.*, IV, p. 80.
(11) Bourguignat, 1856. *Aménités malacologiques*, I, p. 197.
(12) Bourguignat, 1866. *Malacologie de l'Algérie*, II, p. 23. — 1864. *Mollusques nouveaux, litigieux*, p. 116.
(13) Linné, 1867. *Systema naturæ*, édit. XII, p. 1248.
(14) Drouët, 1855. *Enum. moll. France continentale*, p. 46.
(15) Massot, 1872. *Enum. moll. Pyrénées-Orientales*, p. 53.
(16) Menke, 1830. *Synopsis methodica*, 2e éd., p. 19.

B. — Euferussacia.

a. Folliculina.

Fer. folliculina, Gronovius (1). — Le littoral méditerranéen.

— *Gronoviana*, Risso (2).— Même habitat.

— *Vescoi*, L. Pfeiffer (3).— Même habitat.

b. Procerulina.

Fer. carnea, Risso (4). — Acclimaté aux environs de Nice.

c. Hohenwartiana.

Fer. eucharista, Bourguignat (5).— L'Hérault.

— *abnormis*, Nevill (6).— Les Alpes-Maritimes.

— *Macei*, Bourguignat (7).— Les Alpes-Maritimes.

— *Moitessieri*, Bourguignat (8). — L'Hérault, les Pyrénées-Orientales, le Lot-et-Garonne.

— *Bugesi*, Bourguignat (9). — L'Hérault, les Pyrénées-Orientales.

— *Paladilhi*, Bourguignat (10).— L'Hérault, les Pyrénées-Orientales

— *Locardi*, Bourguignat (11).— Les environs de Lyon.

AZECA.— Enfin, le genre *Azeca*, créé dès 1820 par Leach (12) s'applique à des formes parfaitement définies dont M. Bourguignat a donné en 1859 (13) et 1864 (14) le catalogue. Il subdivise ce genre en quatre groupes les *Azecastrum*, *Alsobia*, *Agraulina* et *Hypnophila*. Les *Azeca* des séries *Azecastrum* et *Hypnophila* sont les seuls qui appartiennent au système européen. En 1876, M. P. Fagot (15) a publié une monographie du genre *Azeca* français; il admet sept espèces. Plus tard, MM. de Folin et

(1) Gronovius, 1780. *Zoophyt.*, III, p. 296, pl. XIX, f. 15-16.

(2) Risso, 1876. *Hist. nat. Eur. merid.*, IV, p. 80, pl. III, f. 27.

(3) L. Pfeiffer, 1849. *Mon. hel. viv.*, t. IV, p. 621.

(4) Risso, 1826. *Loc. cit.*, p. 88, pl. IV, f. 29.

(5) Bourguignat, 1864. *Malacologie de l'Algérie*, II, p. 67, pl. IV, f. 45-47.

(6) Nevill, 1880. *In Proceed. zool. Soc. London*, p. 134, pl. XIV, f. 3.

(7) Bourguignat, 1870. *In Mem. Soc. sc. nat. de Cannes*, I, p. 50.

(8) Bourguignat, 1866. *Moll. nouv. litig.*, p. 182, pl. XXX, f. 6-8.

(9) Bourguignat, 1866, *Loc. cit.*, p. 184, pl. XXX, f. 12-15.

(10) Bourguignat, 1866, *Loc. cit.*, p. 186, pl. XXX, f. 18-20.

(11) Bourguignat, 1880, In Locard, *Études sur les variations malac.*, I, p. 221, pl. III, f. 29.

(12) Leach, 1820. *Syn. of the moll. of great Britain.*

(13) Bourguignat, 1859. *Aménités malacologiques*, II, p. 85.

(14) Bourguignat, 1864. *Malacologie de l'Algérie*, II, 20.

(15) P. Fagot, 1876. *Monographie des espèces françaises appartenant au genre Azeca*, In XXII *Bull. Soc. d'agric. Pyrénées-Orientales.* (Tir. à part 1 br. in-8°, 10 p.)

Berillon ont ajouté à la faune française une forme nouvelle, le *Cryptazeca monodonta* (1). Les *Azeca* de France sont aujourd'hui les suivants :

A. — AZECASTRUM.
Az. tridens, Pultney (2). — L'Ariége.
— *Nouletiana*, Dupuy (3). — La région pyrénéenne.
— *Mabilliana*, P. Fagot (4). — Lourdes.
— *trigonostoma*, Bourguignat (5). — La Haute-Garonne.
— *Bourguignati*, P. Fagot (6). — L'Aube.

B. — HYPNOPHILA.
Az. Boissyi, Dupuy (7). — Les Pyrénées-Orientales, le Var.
— *Dupuyana*, Bourguignat (8). — Les Pyrénées-Orientales.

BULIMUS, CHONDRUS. — Il ne nous reste donc plus pour terminer cette revue du genre *Bulimus* de Moquin-Tandon et de la plupart des auteurs français qu'à parler des sous-genres *Bulimulus*, *Chondrus* et *Gonodon* de Moquin. Or, les formes qui constituent ces sous-genres n'ont pas été, jusqu'à ce jour étudiées avec les mêmes soins que celles des autres sous-genres, et n'ont donné lieu à aucune monographie. Nous avons pensé qu'il serait sans doute intéressant de compléter cet ensemble par une étude détaillée des différentes formes qui s'y rattachent et que nous comprenons dans les deux genres *Bulimus* et *Chondrus*.

Nous devons à l'extrême obligeance de M. Bourguignat la communication des types de sa belle collection. Ce sont ces types qui nous ont servi de base dans nos recherches et que nous avons fait figurer. Qu'il nous soit permis de lui témoigner ici toute notre reconnaissance.

Genre BULIMUS, Scopoli.

1777. Scopoli. *Introd. ad Hist. nat.*, p. 392.

Le genre *Bulimus*, tel que nous le comprenons, renferme les trois types

(1) De Folin et Berillon, 1877. *Contrib. faune malac. du sud-ouest de la France, In Bull. Soc. Borda*, p. 122, pl. I, f. 1
(2) Pultney, 1799. *Cat. of Dorsetshire*, p. 46, pl. XIX, f. 12 (*Turbo tridens*).
(3) Dupuy, 1849. *Cat. extramar. galliæ* n° 31. — 1850. *Hist. Moll.*, p. 358, pl. XV, f. 12.
(4) P. Fagot, 1876. *Mon. esp. franç. Azeca*, p. 6.
(5) Bourguignat, 1868. *In sched.* — 1876. *In* P. Fagot. *Loc. cit.*, p. 7.
(6) P. Fagot, 1876. *Loc. cit.*, p. 8.
(7) Dupuy, 1850. *Hist. Moll.*, p. 332, pl. XV, f. 9 (*Zua Boissyi*).
(8) Bourguignat, 1868. *In sched.* — 1876. *In* P. Fagot. *Loc. cit.*, p. 9.

Draparnaldiques des *Bulimus detritus*, *B. montanus* et *B. obscurus* autour desquels sont venus se grouper des formes plus ou moins affines se rattachant à chacun de ces types ou têtes de groupes. Ce sont les *Bulimi veri* de M. l'abbé Dupuy, et les *Ena* et *Bulimulus* de Moquin-Tandon. Au point de vue de l'origine du genre ou mieux de ses formes ancestrales, nous savons que ce genre est déjà fort ancien. Mais ses premières formes appartiennent à des groupes aujourd'hui éteints. Nous ne retrouvons les formes actuelles que dans des dépôts très récents des formations quaternaires; elles ne diffèrent plus alors suffisamment pour être élevées aux rangs d'espèces. Ce genre comprend aujourd'hui sept formes (1) bien distinctes que nous répartirons de la manière suivante:

A. — Groupe du *Bulimus detritus*.
Bulimus detritus, Müller.
— *Locardi*, Bourguignat.
— *Sabaudinus*, Bourguignat.

B. — Groupe du *Bulimus montanus*.
Bulimus montanus, Draparnaud.
— *carthusianus*, Locard.

C. — Groupe du *Bulimus obscurus*.
Bulimus obscurus, Müller.
— *Astierianus*, Dupuy.

A. — Groupe du BULIMUS DETRITUS

BULIMUS DETRITUS, Müller.

Fig. 1-4.

Helix detrita, MULLER, 1774. *Verm. ter. et fluv. hist.*, II, p. 101.
— *sepium*, GEMLIN, 1788. *Systema naturæ*, éd. XIII, p. 3654.
Bulimus radiatus, BRUGUIÈRE, 1789. *Encyclop. meth.*, *Vers*. I, p. 312.
Lymnæa detrita, FLEMING, 1814. *In Edinb. encyclop.*, VI, I, p. 77.
Bulimus detritus, STUDER, 1820. *Kurz. verzeichn.*, p. 88.
— *sepium*, HARTMANN, 1821. *Syst. gasterop.*, p. 51.
Helix radiata, FERUSSAC, 1822. *Tabl. system.*, p. 57.
Bulimus radiatus, RISSO, 1826. *Hist. nat. Eur. mérid.*, IV, p. 78.

(1) Nous avons définitivement distrait des Bulimus le *Bulimus psarolenus* Bourguignat *Aménités malacologiques*, II, p. 116) qui est un Pupa du groupe du *Pupa Farinesi*.

Limneus detritus, JEFFREYS, 1830. *Syn. test.*, *in Trans. Linn.*, XVI, II, p. 378.
Buliminus detritus, BECK, 1837. *Index molluscorum*, p. 72.
Zebrina radiata, HELD, 1835. *In Isis von Oken*, p. 917.
Bulimulus detritus, ADAMS, 1853. *Gen. recent. moll.*, p. 160, t, LXXV, f. 7, a.
Bulimus sepium, J. et P. STROBEL, 1855. *Beitr. moll. Tirol.*, p. 160.

OBSERVATIONS. — Le *Bulimus detritus* a été suffisamment bien décrit par la plupart des auteurs pour qu'il soit nécessaire de revenir encore une fois sur cette description. Quant à sa figuration, nous la retrouvons exactement représentée dans les atlas de Draparnaud, de M. l'abbé Dupuy et de Moquin-Tandon. C'est un type qui ne saurait être confondu avec aucune des autres têtes de groupe du genre *Bulimus*. Quant à ses rapports et différences avec les formes du même groupe, nous nous réservons de les décrire à propos de chacune d'elles.

VARIÉTÉS. — On a signalé un grand nombre de variétés chez le *Bulimus detritus*. Elles portent toutes sur la taille et sur la coloration. Le galbe général, le mode d'enroulement des tours, la forme de l'ouverture, en un mot, les caractères typiques restent toujours les mêmes. Nous admettons ainsi les variétés suivantes :

Radiatus, Moquin-Tandon (1). — Coquille blanchâtre ou jaunâtre, ornée de raies ou flammes cornées ou brunes, plus ou moins transparentes : presque partout.

Pfeifferi, Moquin-Tandon. (2). — Coquille blanchâtre avec des raies ou flammes bleuâtres ; plus rare : les Alpes, le Dauphiné, le Vercors, etc.

Melanorhinus, Cristofori et Jan (3). — Coquille blanchâtre avec des raies ou flammes cornées ou bleuâtres, et le premier ou les premiers tours noirâtres.

Unicolor, Cristofori et Jan (4). — Coquille entièrement cornée, excepté le péristome qui est blanc, et parfois deux ou trois flammes blanchâtres répondant aux anciens péristomes : les environs de Clermont-Ferrand en Auvergne.

Albinus, de Charpentier (5). — Coquille entièrement blanche, sans raies ou flammes : un peu partout, les Alpes, le Dauphiné, l'Auvergne.

(1) Moquin-Tandon, 1855. *Hist. Moll.*, II, p. 294, pl. XXI, f. 23. — (*Bulimus radiatus*, var. b. C. Pfeiffer, 1821. *Deutsch. moll.*, I, p. 50, pl. III, f. 5).

(2) Moquin-Tandon. *Loc. cit.*, II, p. 295. — (*Bulimus radiatus*, var. a. C. Pfeiffer. *Loc. cit.*, f. 4).

(3) Moquin-Tandon. *Loc. cit.* — (*Bulimus radiatus*, var. b, *melanorhinus*. Cristofori et Jan. *Cat*, X, n° 8.

(4) Cristofori et Jan. *Loc. cit.*— (*Bulimus radiatus*, var. a, *unicolor*.)

(5) De Charpentier, 1837. *Cat. moll. Suisse*, p. 14, n° 55.

Minor, Locard (1). — Coquille de petite taille, pouvant ne mesurer que 15 millimètres de hauteur, mais d'un même galbe général, peu renflé, non flammulé, avec des stries plus accusées : les Arborats, près Givors (Rhône).

Inflatus, Locard (2). — Coquille de même taille que le type, mais de forme plus renflée, plus ventrue, les tours plus arrondis, le dernier plus dilaté, ordinairement non flammulé : les environs de Lyon et de Grenoble, la Croix-de-Camp dans le Var.

Excoriatus, Dumont et Mortillet (3). — Coquille de taille assez petite, à surface épidermée, terne, ressemblant à celle d'une coquille morte, sans bandes ni flammules : la Savoie.

Habitat. — Le *Bulimus detritus* vit de préférence dans les régions montagneuses ou submontagneuses, dans les bois, sous les feuilles mortes, s'enfonçant souvent dans l'humus ; très avide d'humidité, il aime à sortir après les grandes pluies ; il grimpe alors et se balance sur les tiges des herbes dans les prés et les champs qui avoisinent les bois, les bosquets ou les buissons. Nous le connaissons dans les départements suivants : l'Alsace, la Côte-d'Or, l'Ain, le Rhône, l'Isère, la Savoie, le Gard, l'Hérault, les Alpes-Maritimes, les Basses-Alpes, les Bouches-du Rhône, le Var, les Pyrénées-Orientales, l'Aveyron, la Lozère, l'Aude, les Hautes-Pyrénées, le Lot-et-Garonne, la Vienne, le Puy-de Dôme, etc.

Figuration. — Fig. 1-2, *Bulimus detritus* type, des environs de Lyon. — Fig. 3, Var. *minor*, des Arborats, près Givors (Rhône). — Fig. 4, *Miss.* Bourguignat. Var. *inflatus*, de la Croix-de-Camp dans le Var. — De notre collection.

BULIMUS LOCARDI, Bourguignat.

Fig. 5-7.

Bulimus Locardi, Bourguignat, 1881. *In sched.* — *Olim, Bulimus theus.*

Diagnose. — *Testa ovoido-oblonga, parum conoidea atque elongata, vix ventricosa ; tenuissime et irreguluriter striata ; solida, cretacea, nitidula,*

(1) Locard, 1880. *Etudes var. malac*, I, p. 211 (*et pars auct.*).
(2) Locard. *Loc. cit.* I, p. 211.
(3) Dumont et Mortillet, 1857. *Catal. crit. et malac.*, p. 99.

albida vel cornea, unicolor sed tantum corneo-subpellucida irregulariter atque longitudinaliter flammulata, flammulis plus minusve distinctis. — Anfractibus 7-8 convexiusculis, lente et regulariter sed progrediendo crescentibus, sutura sat perspicua separatis. — Apice conoido-obtuso, sæpe corneo vel albido semper lævigato. — Ombilico rimato. — Apertura fere recta, ovato-perangusta, superne acute angulata, inferne parum rotundata. — Peristomate recto, albo aut corneo labiato, marginibus inæqualibus remotis, callo nitido vix perspicuo inter se junctis, exteriore breviore subreflexo, columellari parum crasso, et in rimam umbilicalem reflexo.

Altitud. tot.: 22 à 26 mill.
Diam. maxim.: 10–11 1/2 mill.
Altitud. apert.: 9-10 1/2 mill.
Diam. apert.: 4 1/2-5 1/2 mill,

Description. — Coquille ovoïde-oblongue, à peine ventrue à l'avant-dernier tour, conique et un peu allongée dans son ensemble. — Test solide, crétacé, épais, glabre, assez luisant, opaque, orné de stries longitudinales à demi-effacées, un peu obliques, fines, irrégulières, parfois même obsolètes sur certains points; d'une couleur blanchâtre ou un peu cornée, tantôt monochrome, tantôt orné de flammules longitudinales d'un gris corné roussâtre, inégales, plus ou moins distinctes. — Spire composée de sept à huit tours peu convexes, à croissance régulière, progressive, mais assez lente, séparés par une ligne suturale assez profonde. — Sommet conoïde-obtus, d'un corné fauve ou pâle. — Ombilic très étroit, en partie masqué par le bord columellaire. — Ouverture presque droite, étroite mais ovale, à angle supérieur très aigu, un peu échancrée par l'avant-dernier tour. — Péristome droit, légèrement épaissi, blanc ou fauve intérieurement, à bords écartés, à peine convergents ; le bord columellaire très court, assez fortement réfléchi sur l'ombilic.

Rapports et différences. — Le *Bulimus Locardi* se distinguera toujours facilement du *Bulimus detritus*: 1° par sa taille plus forte ; 2° par son galbe général plus conique, plus allongé, beaucoup moins ventru ; chez le *Bulimus detritus*, le galbe est toujours plus renflé vers l'avant-dernier tour, tandis que dans le *Bulimus Locardi* la forme générale est plus régulièrement conique; 3° par l'accroissement lent, régulier, progressif de ses tours de spire; chez le *Bulimus detritus*, les premiers tours seuls croissent progressivement, tandis que les derniers croissent plus rapidement et donnent ainsi à la courbe tracée par la ligne suturale une apparence d'irrégularité que n'a pas le *Bulimus Locardi*; 4° par la hauteur proportionnelle de l'ouverture ; dans le *Bulimus detritus,* la hauteur totale de l'ouverture est sensiblement égale à la hauteur des trois avant-derniers tours, l'ouverture de la coquille étant en-dessus, tandis que chez le *Bulimus Locardi*, elle est à peine plus grande que la hauteur des deux avant-derniers tours ; chez le *Bulimus detritus*, la hauteur totale de l'ouverture est toujours plus petite que le diamètre maximum de la coquille, tandis que chez le *Bulimus Locardi*, elle est sensiblement égale à ce même diamètre ; 5° par la hauteur proportionnelle du dernier tour : chez le *Bulimus detritus*, la distance linéraire prise de la base de la coquille au milieu de la première suture, l'ouverture étant en dessous, est toujours plus grande ou tout au plus égale à la hauteur totale et linéaire restante ; chez le *Bulimus Locardi*, cette mesure est, au contraire, toujours plus petite; 6° par la forme de l'ouverture, qui est sensiblement plus droite, plus régulière, plus arrondie dans le bas.

Variétés. — Le *Bulimus Locardi* présente dans sa coloration et dans son ornementation les mêmes variations que le *Bulimus detritus*. Sa taille, en outre, étant également susceptible de se modifier suivant les habitats, nous admettrons donc les variétés suivantes :

Radiatus ; les environs de Lyon et de Grenoble, Oyonnax dans l'Ain, Cauterets dans les Hautes-Pyrénées.
Pfeifferi; presque partout.
Unicolor; presque partout.
Albinos; l'Isère, la Savoie, les Hautes-Pyrénées.
Minor ; les Basses-Alpes, les Pyrénées.

Observations. — Cette forme bien typique et très répandue ne pouvait cependant pas avoir échappé aux investigations des anciens malacologistes. C'est très probablement le *Bulimus Locardi* que Ferussac, de Charpentier, Moquin-Tandon et d'autres ont confondu sous le nom de *Bulimus radiatus* ou *B. detritus*, var. *major*. Ferussac, notamment dans son *Histoire naturelle des mollusques*, a représenté, pl. 142, fig. 7, une forme qui présente une certaine analogie avec le *Bulimus Locardi*, mais sans indication de provenance ; il en est de même du dessin situé à gauche dans la fig. 42 de la planche II de l'*Iconographie* de Rossmässler et de la fig. 6 de la planche III de l'atlas de C. Pfeiffer. Quant aux figurations bien connues de Draparnaud, de M. l'abbé Dupuy, et de Moquin-Tandon, elles se rapprochent bien plus du véritable type du *Bulimus detritus*.

HABITAT. — Le *Bulimus Locardi* nous paraît tout aussi répandu que le *Bulimus detritus*; ses conditions d'habitat, comme ses mœurs, nous semblent les mêmes; peut-être cependant le trouve-t-on à une moins grande altitude; il paraîtrait préférer les régions submontagneuses aux véritables stations montagneuses. Nous le connaissons dans les stations suivantes : Vieux-Brisach dans le Haut-Rhin, les environs de Lyon, Gap dans les Basses-Alpes, Ascros au-dessous de Roquesteron et Puget-Théniers dans les Alpes-Maritimes, Barèges dans les Hautes-Pyrénées (Bourguignat); nous le possédons des environs de Grenoble dans l'Isère, Saint-Paul-Trois-Châteaux dans la Drôme, Salins et Moutiers dans la Savoie, Oyonnax dans l'Ain, les environs de Digne dans les Basses-Alpes. Nous l'avons également reçu de Vérone en Italie, et M. Bourguignat nous l'a montré de la Carniole, de Dalmatie et de Bosnie.

FIGURATION. — Fig. 5 et 6, *Bulimus Locardi*, type de Barèges dans les Hautes-Pyrénées, vu en dessus et en dessous. — Fig. 7, Var. *minor*, de la même localité. — De notre collection, *miss*. Bourguignat.

BULIMUS SABAUDINUS, Bourguignat.

Fig. 8-9.

Bulimus Sabaudinus, BOURGUIGNAT, 1881, *In sched.*

DIAGNOSE. — *Testa ovoido-oblonga, conoidea atque elongata, nunquam ventricosa; tenuissime ac regulariter striata, stris sicut obsoletis; solida, cretacea, nitidula, albida, fere unicolor cum flammulis corneo-subellucidis irregulariter atque longitudinaliter disjectis. — Anfractibus 7 convexiusculis, irregulariter crescentibus : anfractibus 4 supremis parvulis, lente et regulariter crescentibus; quinto majore, ad sinistram partem præsertim convexo; antepenultimo maximo, velocrius crescendente; ultimo dimidiam longitudinis non attingente. — Apice conoido-obtuso, corneo ac lœvigato. Umbilico rimato. — Apertura recta, angusta et elongata, superne acute angulata, inferne parum rotundata. — Peristomate recto, albo labiato, marginibus inœqualibus remotis, callo nitido vix perspicuo inter se junctis, exteriore breviore subreflexo.*

Altitud. maxim.: 20 mill.
Diam. maxim. : 8 1/2 mill.
Altitud. apert.: 9 mill.
Diam. apert. : 4 mill.

DESCRIPTION.— Coquille ovoïde-oblongue, conique, allongée, non ventrue. — Test solide, crétacé, épais, glabre, luisant, opaque, orné de stries longitudinales très effacées, presque obsolètes ; d'une couleur blanche, unicolore, avec quelques flammules cornées, pellucides, irrégulièrement disséminées. — Spire composée de sept tours convexes, à croissance irrégulière : les quatre premiers croissent lentement et régulièrement; le cinquième, proportionnellement plus grand, devient beaucoup plus convexe sur le côté gauche; l'avant-dernier tour et le dernier croissent beaucoup plus rapidement et sont proportionnellement bien plus développés que les précédents. — Sommet conoïde obtus, corné et lisse. — Ombilic très étroit en partie masqué par le développement du bord columellaire. — Ouverture droite, étroite et allongée, le bord supérieur très aigu, un peu échancré par l'avant-dernier tour, bord inférieur arrondi. — Péristome droit, légèrement épaissi, blanc intérieurement, à bords écartés ; le bord columellaire très court.

RAPPORTS ET DIFFÉRENCE. — Ce qui caractérise surtout le *Bulimus Sabaudinus*, c'est d'abord son galbe conique non ventru, puis le mode d'enroulement de ses tours, enfin la forme étroite de son ouverture. De tous les Bulimes de ce groupe, c'est lui qui est à proportion gardée le plus allongé, et dont l'ouverture est la plus étroite. Quant à l'enroulement de ses tours, nous ne saurions mieux faire que de le comparer à celui des *Ferussacia Gronoviana* (1) et *F. Vescoi* (2) avec lesquels il présente à ce

(1) Risso, 1826. *Hist. nat. Eur. mérid.*, t. IV, p. 80. — Bourguignat, 1860. *Malac. du Château d'If*, p. 18, pl. II, f. 4-6.

(2) Bourguignat, 1856. *Aménités malac.*, I, p. 203. — 1860. *Malac. du Château d'If*, p. 23, pl. II, f. 10-13.

point de vue quelque anologie. Il sera donc toujours bien facile de le distinguer des *Bulimus detritus* et *B. Locardi* chez lesquels l'enroulement se fait toujours avec régularité.

HABITAT. — Le *Bulimus Sabaudinus* a été recueilli par M. Bourguignat en Savoie, au pied de la Dent-de-Chat, à Bordeau sur le lac du Bourget. C'est du reste jusqu'à présent une forme très rare.

FIGURATION. — Fig. 8 et 9, *Bulimus Sabaudinus* vu en dessus et en dessous, de Bordeau en Savoie. — De la collection de M. Bourguignat.

B. — Groupe du BULIMUS MONTANUS

BULIMUS MONTANUS, Draparnaud.

Fig. 10-12.

Helix sylvestris, STUDER, 1879. *Faun. helv.*, *in Coxe*, *Trav. Switz.*, III, p. 43 (s. diag.)
Bulimus montanus, DRAPARNAUD, 1801. *Tabl. moll.*, p. 65. — 1805. *Hist. moll.*, p. 74. pl. IV, f. 22.
Helix buccinata, v. ALTEN, 1812. *Syst. Abhandl.*, p. 100, pl. XII, f. 22.
— *montana*, FERUSSAC, 1822. *Tabl. system.*, p. 60.
Bulimus obscurus (var. *montanus*), HARTMANN, 1821. *Syst. Gasterop.*, p 50.
Ena montana, LEACH, 1831. *Brit. moll.*, p. 112, ex Turton.
Merdigera montana, HELD, 1837. *In Isis von Oken*, p. 917.
Bulimulus montanus, GRAY, 1842. *Fig. moll. anim.*, pl. CCC, f. 10.
Buliminus montanus, ALBERS, 1860. *Die. Helic.*, 2e éd., p. 234.
Napeus montanus, S. CLESSIN, 1876. *Deutsche excurs.*, p. 178, f. 99.

OBSERVATIONS. — Draparnaud, dans sa description, définit son *Bulimus montanus* comme étant une « coquille ovale, un peu oblongue », expression dont il s'était déjà servi pour le *Bulimus detritus* ; or sa figuration représente, au contraire, une forme relativement courte, un peu ventrue, que nous ne reconnaissons pas au véritable *Bulimus montanus* des différentes stations qu'il indique dans l'Est de la France. V. Alten, au contraire, a donné une très bonne figure de cette coquille qui représente parfaitement le type français, et s'applique bien à la description donnée par Draparnaud. C'est du reste une forme assez bien décrite et figurée par la plupart des auteurs modernes pour qu'il soit nécessaire d'y revenir.

Variétés. — On peut admettre pour le *Bulimus montanus* plusieurs variétés bien distinctes ; nous signalerons :

Variegatus, Moquin-Tandon (1). Coquille avec des flammules grisâtres.

Albinus, de Charpentier (2). Coquille entièrement blanchâtre : les Alpes, la Grande-Chartreuse dans l'Isère.

Major, Rossmässler (3). Coquille de taille plus forte que le type, mais moins grande cependant que celle représentée sous ce nom par cet auteur : un peu partout, l'Ain, l'Isère, l'Aisne, l'Aube.

Ventricosa, Locard (4). Coquille de taille souvent plus petite, d'un galbe un peu court, ramassé, ventru, répondant bien à la figuration donnée par Draparnaud : la Grande-Chartreuse dans l'Isère.

Habitat. — Le *Bulimus montanus* vit de préférence sous les feuilles mortes, sous les mousses, dans les endroits frais et couverts, dans les régions montagneuses de la France septentrionale et orientale. Nous le connaissons dans les départements suivants : Le Nord, la Moselle, la Meuse, l'Alsace, la Champagne, les Vosges, l'Aisne, la Côte-d'Or, Saône-et-Loire, l'Isère, l'Ain, le Rhône, le Jura, la Savoie, les Pyrénées-Orientales, l'Ariége, les Hautes-Pyrénées.

Figuration. — Fig. 10 et 11, *Bulimus montanus* type, vu en dessus et en dessous, de la Grande-Chartreuse dans l'Isère. — Fig. 12, Var. *ventricosa*, des environs de Grenoble. — De notre collection.

BULIMUS CARTHUSIANUS, Nob.

Fig. 13-14.

Diagnose. — *Testa conoido-oblonga, parum elongata nunquam ventricosa ; tenuissime longitudinaliter striata, striis transverse minimis et inæqualibus sublente eleganter decussata ; solida, glabra, subnitidula,*

(1) Moquin-Tandon, 1855. *Hist. moll.*, II, p. 289.
(2) De Charpentier, 1837. *Moll. Suisse*, p 14, pl. II, f. 2.
(3) Rossmässler, 1837. *Iconographie*, IV, p. 46, fig. 386.
(4) Locard, 1880. *Études variations malacol.*, I, p. 206.

parum opaca, uniformiter fusco vel albido-cornea. — Anfractibus 7-8 convexiusculis, lente et regulariter crescentibus, penultimo initio vix majore, ultimo celeriter crescente et mediam saltem testam efformate. — Apice obtuso, corneo atque lævigato. — Ombilico angustissime perforato vel rimato. — Apertura fere recta, ovato-oblonga superne acute angulata, inferne rotundata. — Peristomate albido, labiato, cum callo pellucido; marginibus subremotis, vix perspicuo interse junctis, inæqualibus, exteriore reflexiusculo et acuto, columellari subreflexo.

Altitud. maxim. : 15 mill.
Diam. maxim. : 5 mill.
Altitud. apert. : 5 1/2 mill.
Diam. apert. : 4 mill.

Description. — Coquille conoïde-oblongue, un peu allongée, non ventrue, ornée de stries longitudinales à demi effacées, inégales, et comme guillochées par des stries transversales visibles seulement à la loupe. Test solide, glabre, un peu brillant, subopaque, d'un fauve corné uniforme, ou d'un corné pâle. — Spire composée de sept à huit tours croissant lentement et régulièrement, l'avant-dernier tour à peine plus grand à sa naissance, le dernier croissant alors plus rapidement, et formant plus de la moitié de la hauteur totale. — Sommet obtus, corné et lisse. — Ombilic très étroit. — Ouverture presque droite, ovale - oblongue, avec l'angle supérieur aigu et l'angle inférieur arrondi. — Péristome interrompu, évasé, épaissi, blanchâtre, à bords écartés, convergents ; le bord columellaire plus court masquant en partie l'ombilic sur lequel il se réfléchit.

Rapports et différences. — On distinguera le *Bulimus Carthusianus* du *Bulimus montanus* : 1° à son galbe général plus étroit, plus cylindroconique et jamais ventru ; 2° au mode d'enroulement des tours de spire qui se fait chez le *Bulimus Carthusianus* moins rapidement et plus régulièrement, sauf pour le dernier tour, tandis que chez le *Bulimus montanus*, les premiers tours croissent lentement et les derniers beaucoup plus vite; 3° à la hauteur linéaire du dernier tour qui est notablement plus grande chez le *Bulimus Carthusianus* que chez le *Bulimus montanus*; 4° à la forme de son ouverture qui est beaucoup plus étroite, ovale oblongue et non pas simplement ovale ; 5° chez le *Bulimus Carthusianus*, la hauteur totale de l'ouverture est toujours plus grande que le diamètre maximum de la

coquille, tandis que dans le *Bulimus montanus*, ces deux cotes sont sensiblement égales, ou même parfois dans la proportion inverse; etc.

Habitat. — Cette forme toujours rare paraît plus particulièrement propre aux cités alpestres; nous l'avons rencontrée aux environs de Grenoble et à la Grande-Chartreuse dans l'Isère.

Figuration. — Fig. 13 et 14, *Bulimus Carthusianus*, vu en dessus et en dessous, de la Grande-Chartreuse dans l'Isère. — De notre collection.

C. — Groupe du BULIMUS OBSCURUS

BULIMUS OBSCURUS, Müller

Helix obscura, Müller, 1774. *Verm. terr. et fluv. hist.*, II, p. 103.
Bulimus obscurus, Draparnaud, 1801. *Tabl. moll.*, p. 65 (non Poiret).
Limnæa obscura, Fleming, 1814. *In Edinb. Encyclop.*, VIII, I, p. 78.
Bulimus obscurus, Studer, 1820. *Kurzes verzeichn.*, p. 88.
Ena obscura, Leach, 1831. *Brit. moll.*, p. 113, ex Turton.
Buliminus obscurus, Beck, 1837. *Index molluscorum*, p. 71.
Merdigera obscura, Held, 1837. *In Isis von Oken*, p. 917.

Observations. — Nous n'avons pas à revenir sur la description du *Bulimus obscurus*; c'est une forme aujourd'hui parfaitement définie à l'égard de laquelle il ne saurait y avoir la moindre ambiguïté. De même ses rapports et différences avec le groupe précédent sont parfaitement tranchés. Nous rappellerons cependant que MM. Dumont et de Mortillet (1) ont signalé comme vivant en Savoie avec des individus de taille et de forme normale, des échantillons de taille beaucoup plus forte, qui semblent être intermédiaires entre le type du *Bulimus obscurus* et celui du *Bulimus montanus*. Nous ne connaissons pas cette forme, et ne pouvons dèslors pas dire si l'on doit l'envisager comme forme nouvelle ou la classer comme var. *major* du *Bulimus obscurus* ou var. *minor* du *Bulimus montanus*.

Variétés. — Les variétés du *Bulimus obscurus* peuvent porter sur des

(1) Dumont et Mortillet, 1857. *Catal. crit. et malac.*, p. 10.

modifications dans une des parties de la coquille ou dans sa coloration. Nous signalerons les suivantes :

Limbatus, Locard (1). — Coquille de taille moyenne, mais avec le péristome plus bordé, plus réfléchi, plus développé : le petit Bornant en Savoie (Dumont et de Mortillet).

Strangulatus, Locard (2). — Coquille de taille moyenne, avec le dernier tour moins haut et plus déprimé à son extrémité, de telle sorte que l'ouverture paraît étroite: Chancy en Savoie (Dumont et de Mortillet).

Minor, Locard (3). — Coquille de taille plus petite, à tours plus renflés, plus arrondis, séparés par une ligne suturale plus profonde: les environs de Lyon, l'Alsace, la Moselle.

Albinus, de Charpentier (4). — Coquille de taille normale, mais de coloration entièrement blanchâtre: les Vosges (Puton).

Habitat. — Le *Bulimus obscurus* est une forme des plus répandues en France; on le trouve presque partout; il recherche les endroits humides, frais, couverts ou ombragés, se tenant sur les tiges des plantes dans les haies et les buissons, sous les feuilles mortes, sous les pierres, sur les vieux murs moussus. Il remonte jusqu'à 1600 mètres d'altitude.

BULIMUS ASTIERIANUS, Dupuy.

Fig. 15 et 16.

Bulimus Astierianus, Dupuy, 1846. *Hist. moll.*, p. 320, pl. XV, f. 7.
— *obscurus* (var. *Astierianus*), Moquin-Tandon, 1855. *Hist. moll.*, II, p. 292, pl. XXI, f. 10.

Observations. — Le *Bulimus Astierianus* appartient à un petit groupe spécial de Bulimes d'Arabie, de Perse et de Mésopotamie. Si nous l'avons maintenu dans le groupe du *Bulimus obscurus*, c'est qu'il représente les seules formes françaises de ce groupe qui renferme les formes suivantes :

Bulimus Doriæ, Issel (5), de Perse.

(1) Locard, 1880. *Études variat. malac.*, I, p. 208.
(2) et (3) Locard, 1880. *Loc. cit.*, I, p. 268.
(4) De Charpentier, 1877. *Moll. Suisse*, 1, p. 4, pl. XI, f. 1.
(5) Issel, 1865. *Moll. Persia*, p. 33, pl. II, f. 29-32.

Bulimus Maharasicus, Bourguignat (1), d'Aden en Arabie.
— *Samavaensis*, Mousson (2), des bords de l'Euphrate.
— *Euphracicus*, Bourguignat (3), id.
— *Marebiensis*, Bourguignat (4), de Mareb en Arabie.
— *Kursiensis*, Bourguignat (5), de Kursi, près d'Aden en Arabie.
— *cerealis*, Paladilhe (6), des environs d'Aden en Arabie.
— *vermiformis*, Paladilhe (7), id.
— *Reboudi*, Bourguignat (8), d'Algérie dans la province de Constantine.

Rapports et différences. — M. l'abbé Dupuy a bien voulu nous communiquer un des types de sa collection. Comparé au *Bulimus obscurus*, le *Bulimus Astierianus* en diffère par sa taille deux fois plus petite, par son galbe plus grêle, proportionnellement plus renflé, plus ventru ; par sa suture plus profonde, ses tours plus arrondis ; par son péristome plus aplati. Comme l'a très judicieusement fait observer M. l'abbé Dupuy, sa forme générale le rapprocherait du *Pupa Farinesi*, mais on l'en distinguera toujours facilement par son péristome évasé, aplati et légèrement épaissi.

Habitat. — Le *Bulimus Astierianus* est une forme très rare. Il avait été récolté jadis par Astier sur des affûts de canon dans l'île de Sainte-Marguerite; depuis lors, malgré les recherches qui ont été faites, on n'a pu le retrouver dans cette station.

Figuration. — Fig. 15, *Bulimus Astierianus* de l'Ile Sainte-Marguerite représenté en grandeur naturelle. — Fig. 16, le même individu grossi. — De la collection de M. l'abbé Dupuy.

Genre CHONDRUS, Cuvier.

1817. Cuvier, *Règne animal*, II, p. 408.

Le genre *Chondrus*, créé par Cuvier, s'applique à la série des Bulimes dentés, dont les types draparnaldiques sont les *Pupa tridens* et *P.*

(1) Bourguignat, 1876. *Species novissimæ molluscorum*, p. 21.
(2) Mousson, 1872. *In Paladilhe, apud Annali del museo civico di Genova*, vol. III, p. 14, pl. I, f. 20-21.
(3) Bourguignat, 1876. *Species novissimæ*, p. 22.
(4) Bourguignat. *Loc. cit.*, p. 24.
(5) Bourguignat. *Loc. cit.*, p. 24.
(6) Paladilhe. *Loc., cit.*, p. 16, pl. I, f. 22-23.
(7) Paladilhe. *Loc. cit.*, p. 15, pl. I, f. 24-25.
(8) Bourguignat. *Loc. cit.*, p. 24.

quadridens. Ces formes rangées, d'abord dans les *Helix* par Müller, puis dans les *Turbo* par Gmelin, ont figuré en 1792 sous le nom de *Bulimus* dans l'encyclopédie avec Bruguière. Draparnaud et bien d'autres après lui les classent dans les *Pupa*, alors qu'en 1817, Cuvier crée pour elles le genre *Chondrus*. A ce même genre, il convient également de rapporter en partie les noms de *Jaminia* Risso (1), *Eucore* Agassiz (2), *Chondrula* Beck (3) *Gonodon* Held (4), *Torquilla* Villa (5), etc.

Les *Chondrus* sont moins anciens que les *Bulimus* ; si nous retrouvons à l'état fossile plusieurs des formes qui vivent actuellement, en revanche, il en est une, le *Bulimus Rayianus*, que nous aurons à signaler comme ayant aujourd'hui disparu.

Les *Chondrus* français sont les suivants :

A. — Groupe du *Chondrus tridens*.
Chondrus tridens, Müller.
— *Rayianus*, Bourguignat.

B. — Groupe du *Chondrus quadridens*.
Chondrus quadridens, Müller.
— *niso*, Risso.
— *lunaticus*, Cristofori et Jan.

A. — Groupe du CHONDRUS TRIDENS

CHONDRUS TRIDENS, Müller

Fig. 17.

Helix tridens, MÜLLER, 1774. *Verm. terr. et fluv. hist.*, II, p. 106, n° 305.
Turbo tridens, GMELIN, 1776. *Systema naturæ*, XIII éd., I, p. 3611 (n. Pultney).
Bulimus tridens, BRUGUIÈRE, 1792. *Encyclop. meth.*, *Vers*, II, p. 350.
Pupa 3 dens, DRAPARNAUD, 1801. *Tabl. moll.*, p. 60. *Hist. moll.*, p. 67, pl. III, f. 57.
— *tridentata*, BRARD, 1815. *Coq. Paris*, p. 88, pl. III, f. 2 (n. Lamck)
Bulimus tridentatus, HARTMANN, 1815. *In Sturm*, *Deutsch. fauna*, VI, VII, pl. VIII.
Chondrus tridens, CUVIER, 1817. *Règne animal.*, II, p. 408.
Bulimus tridens, HARTMANN, 1821. *Syst. Gasterop.*, p. 50.

OBSERVATIONS. — Dans un autre travail (6), nous nous sommes efforcé de

(1) Risso, 1826. *Hist. nat. Eur. mérid.*, IV, p. 88.
(2) Agassiz, 1837. *In de Charpentier*, *Moll. Suisse*, p. 15.
(3) Beck, 1877. *Index molluscorum*, p. 87.
(4) Held, 1837. *In Isis von Oken*, p. 918.
(5) Villa, 1841. *Conch.*, p. 24.
(6) Locard, 1880. *Études variations malacologiques*, I, p. 213.

montrer quelle était la variabilité des caractères aperturaux du *Chondrus tridens*. Suivant certaines influences locales ou simplement individuelles, il arrive souvent que dans une même colonie, les êtres de même âge sont loin d'avoir des caractères aperturaux identiques. D'autre part, la taille, mais non le galbe du *Chondrus tridens* est susceptible de variations assez notables. Quoi qu'il en soit, c'est toujours une forme parfaitement définie et à l'égard de laquelle il ne peut subsister la moindre erreur.

Variétés. — Moquin-Tandon (1) a cité trois variétés du *Chondrus tridens* : l'une la var. *eximius* (2) ne nous est pas connue en France, les deux autres var. *major* (3) et *minor* (4), suffisamment définies, se trouvent un peu partout, mais constituent toujours des colonies bien distinctes.

Habitat. — Le *Chondrus tridens* vit dans les endroits un peu secs, au pied des arbres, sous les herbes, dans les fentes des rochers et des vieux murs, sous les pierres, dans les gazons; il recherche volontiers les terrains sablonneux, mais calcaires, et remonte jusqu'à environ 500 mètres d'altitude dans les Alpes et 800 mètres dans les Pyrénées. Nous le connaissons dans l'Aisne, l'Oise, Seine-et-Marne, la Seine, l'Alsace, les Vosges, la Moselle, le Jura, la Côte-d'Or, Saône-et-Loire, le Rhône, la Loire, l'Ain, l'Isère, la Savoie, la Drôme, les Alpes-Maritimes, le Var, les Bouches-du-Rhône, l'Hérault, les Pyrénées-Orientales, l'Agenais, la Gironde, le Maine-et-Loire, la Vienne, l'Allier et la Haute-Loire.

CHONDRUS RAYIANUS, Bourguignat.

Fig. 18.

Bulimus Rayianus, Bourguignat, 1853. *Aménités malacologiques*, I, p. 56, pl. II, fig. 10-15.

Observations. — Le *Chondrus Rayianus* n'est pas à proprement parler une espèce vivante, ou du moins on ne l'a pas encore retrouvé vivant ; il appartient aux couches inférieures des ancien graviers de la Seine, des

(1) Rossmässler, 1875. *Iconogr.*, I, p. 81, fig. 305.
(2) Menke, 1834. *Hist. moll.*, p. 34. — Drap., *Hist. moll.* pl. III, f. 57.
(3) Menke, 1834. *Loc. cit.* — C. Pfeiffer, 1825. *Deutsch. moll.*, pl. III, f. 12.
(4) Moquin-Tandon, 1855. *Hist. moll.*, II, p. 297.

environs de Paris (1). Ce serait donc en quelque sorte la forme ancestrale du *Chondrus tridens* actuel, au moins dans cette région, puisqu'il est aujourd'hui reconnu que cette dernière forme a fait son apparition bien antérieurement à ces dépôts, en Allemagne, en Autriche, en Russie, en Angleterre et même en France.

Rapports et différences. — Le *Chondrus Rayianus* ne peut être rapproché que du *Chondrus tridens*. « On l'en distinguera facilement, dit M. Bourguignat : 1° par sa taille plus considérable, par sa forme plus ventrue ; 2° par son ouverture plus irrégulière, plus anguleuse, et qui ne possède que deux denticulations; 3° par son péristome plus épais et seulement réfléchi à la columelle; 4° par son dernier tour de spire, qui offre à sa base un sillon longitudinal, et qui, au lieu d'être arrondi, se trouve muni d'une carène obsolète ; etc.

Habitat. — Canonville près de Vincennes, aux environs de Paris.

B. — Groupe du CHONDRUS QUADRIDENS

CHONDRUS QUADRIDENS, Müller.

Fig. 20.

Helix quadridens, Müller, 1774. *Verm. terr. et fluv. hist.*, II, p. 105.
Turbo quadridens, Gmelin, 1788. *Systema naturæ*, éd. XIII, p. 3610.
Bulimus quadridens, Bruguière, 1792. *Encyclop. meth.*, *Vers*, I, p. 351.
Pupa 4-dens, Draparnaud, 1801. *Tabl. moll.*, p. 60. — *Hist. moll.*, p. 67, pl. IV, f. 7.
Chondrus quadridens. Cuvier, 1817. *Règne animal*, II, 408.
Jaminia heterostropha, Risso, 1826. *Hist. nat. Eur. mérid.*, IV, p. 91, pl. III, f. 3.
Chondrula quadridens, Beck, 1837. *Index molluscorum*, p. 87.
Gonodon quadridens, Held, 1837. *In Isis von Oken.*, p. 918.
Eucore quadridens, Agassiz, 1840. *In Hartmann*, *Gasterop.*, I, p. 50, pl. XLIX, f. 1-3.
Torquilla quadridens, Villa, 1841, *Disp. syst. conch.*, p. 24.
Buliminus quadridens, Albers, 1860. *Die Helic.*, 2e éd., p. 237.

Observations. — Malgré son polymorphisme apertural, polymorphisme résultant des conditions biologiques inhérentes à chaque colonie de mol-

(1) Bourguignat, 1869. *Cat. Moll. terr. et fluv. des env. de Paris à l'époque quaternaire* p. 7, pl. III, fig. 7-11.

lusques, ce Chondrus a une forme parfaitement définie, à l'égard de laquelle tout le monde est d'accord. Risso seul a cru devoir modifier pour elle et le nom de genre et celui d'espèce en créant son *Jaminia heterostropha*. Mais comme l'a fait observer M. Bourguignat (1), la description et la figure de cette espèce se rapportent bien évidemment au *Bulimus quadridens* de Bruguière, soit à l'*Helix quadridens* de Müller. Les échantillons de la collection Risso appartiennent, au contraire, au *Bulimus lunaticus* de Jan.

VARIÉTÉS. — Outre les variations aperturales du *Chondrus quadridens*, il importe de tenir compte des nombreuses variations que l'on observe dans sa taille. M. l'abbé Dupuy, dans son atlas (2), a très heureusement figuré quelques-unes de ces variétés. Il existe en effet une différence de 7 à 9 millimètres dans la hauteur totale des individus appartenant bien entendu à des colonies différentes. Les formes *major* se trouvent presque toujours dans le midi; les formes *minor* paraissent plus subalpestres et sont localisées dans l'est et le sud-est de la France.

HABITAT. — On trouve le *Chondrus quadridens* de préférence dans les terrains pierreux, mais pas trop secs; il se cache sous les pierres, sous les feuilles, dans les fentes de rochers; il sort de sa retraite à la moindre pluie. Nous le connaissons dans presque toute la France, mais il semble plus particulièrement abondant dans l'est et dans le midi. Il peut du reste s'élever à une plus grande altitude que le *Chondrus tridens*.

CHONDRUS NISO, Risso.

Fig. 19.

Jaminia niso, RISSO, 18^6. *Hist. nat. Eur. mérid.*, IV, p. 92.
Pupa seductilis, ZIEGLER, 1837. *In Rossmässler, Iconogr.*, V et VI, p. 10 f. 306; XI, p. 9, f. 724, b. et c.
Chondrula seductilis, BECK, 1837. *Index molluscorum*, p. 87.
Gonodon seductilis, HELD, 1837. *In Isis von Oken*, p. 918.
Torquilla seductilis, VILLA, 1841. *Disp. Conch.*, p. 24.
Bulimus seductilis, L. PFEIFFER, 1841. *Symb. Helic.*, I, p. 85.
— *niso*, L. PFEIFFER, 1842. *Loc. cit.*, II, p. 118.
Pupa niso, DUPUY, 1850. *Hist. moll.*, p. 378, pl. XVIII, f. 8, c.
Chondrus niso, DUBREUIL, 1880. *Cat. moll. Hérault*, 3e éd., p. 64

(1) Bourguignat, 1861. *Étude synonymique sur les mollusques des Alpes-Maritimes*, p. 56.
(2) Dupuy, 1850. *Hist. nat. des Mollusques*, pl. XVIII, f. 8, a-d.

OBSERVATIONS. — Ainsi que l'a fait observer M. Bourguignat (1), il convient de rapporter au *Jaminia niso* de Risso le *Pupa seductilis* de Ziegler, forme absolument identique, mais en conservant, d'après les lois de la priorité, la dénomination spécifique plus ancienne proposée par Risso.

RAPPORTS ET DIFFÉRENCES. — Quoi qu'il existe en somme peu de différence entre les *Chondrus quadridens* et *Ch. niso*, les auteurs français qui ont eu à signaler cette dernière forme l'ont admise au rang d'espèce. M. l'abbé Dupuy, Moquin-Tandon et en dernier lieu M. Dubreuil l'ont en effet spécifiquement distinguée du *Chondrus quadridens*. Tout en ayant le galbe général de cette dernière coquille, le *Chondrus niso* a dans ses caractères particuliers une ouverture plus ovale; le bord extérieur et le bord columellaire sont plus distants, et s'infléchissent plus régulièrement; en outre, à l'intérieur de l'ouverture, il n'existe jamais que trois denticules dont deux sont plus particulièrement saillantes : la première sur le bord apertural et la seconde sur le bord columellaire sont toujours bien marquées, tandis que la troisième située au bas du bord columellaire est souvent rudimentaire, et représente plutôt, comme l'a dit M. l'abbé Dupuy, l'indice de la troncature de la columelle qu'une véritable dent.

HABITAT. — Le *Chondrus niso* paraît avoir des habitudes analogues à celle du *Chondrus quadridens*; mais c'est une forme beaucoup plus rare et plus localisée; on ne l'a signalé que dans le midi de la France sur le littoral méditerranéen: dans les Alpes-Maritimes, aux environs de Nice (Risso); dans l'Hérault à Cette (Dupuy, Dubreuil), à Fontès (Paladilhe), et à Saint-Martin-de-Londres (Dubreuil).

CHONDRUS LUNATICUS, de Christofori et Jan.

Fig. 21 et 22.

Pupa lunatica, de CRISTOFORI et JAN. *In sched.*, *teste* ROSSMASSLER.
— *seductilis* (var. *cylindrica*), ROSSMASSLER, 1837. *Iconogr.*, V, VI, p. 10, f. 307; et XI, p. 9, f. 724, a.
Jaminia heterostropha, RISSO, 1826. *In coll.*, *teste Bourguignat.*
Bulimus niso (var. *cylindricus*), MOQUIN-TANDON, 1859. *Hist. moll.*, II, p. 299.

(1) Bourguignat, 1861. *Étude synonymique sur les mollusques des Alpes-Maritimes*, p. 58.

Observations. — Dans son étude synonymique sur les mollusques des Alpes-Maritimes, M. Bourguignat a parfaitement montré l'erreur que Risso avait commise dans ses spécifications. D'une part, il a décrit sous le nom de *Jaminia heterostropha* le véritable *Chondrus quadridens*, alors que les échantillons de sa collection se rapportaient au *Chondrus lunaticus*. Mais d'autre part, il a également décrit sous le nom de *Jaminia niso* une forme nouvelle que Ziegler a postérieurement décrite sous le nom de *Pupa seductilis*.

Nous conservons le nom de *lunaticus* donné par de Cristofori et Jan, et maintenu par Rossmässler dans sa figuration de la planche XXIII, pour distinguer cette forme type de la collection Risso des *Chondrus niso* et *seductilis* avec lesquels il pouvait y avoir confusion.

Rapports et différences. — Le *Chondrus lunaticus* est incontestablement très voisin du *Chondrus niso*. Toutefois on le distinguera à son galbe général plus allongé, plus cylindriforme, non ventru, tel du reste qu'il est assez exactement représenté par Rossmässler. En outre son ouverture tout en conservant la même disposition ornementale, est moins arrondie et proportionnellement plus haute, l'angle supérieur plus aigu, le bord extérieur plus droit, le bord inférieur moins arrondi.

Habitat. — Ce *Chondrus* paraît très rare. Il n'a été encore rencontré qu'aux environs de Nice dans les Alpes-Maritimes ; il vit sous les pierres non loin de la mer.

Figuration. — Fig. 21, *Chondrus lunaticus* de grandeur naturelle. — Fig. 22, ouverture agrandie du même individu. — D'après la figuration de Rossmässler.

FIN

LYON. — IMPRIMERIE PITRAT AÎNÉ, RUE GENTIL, 4.

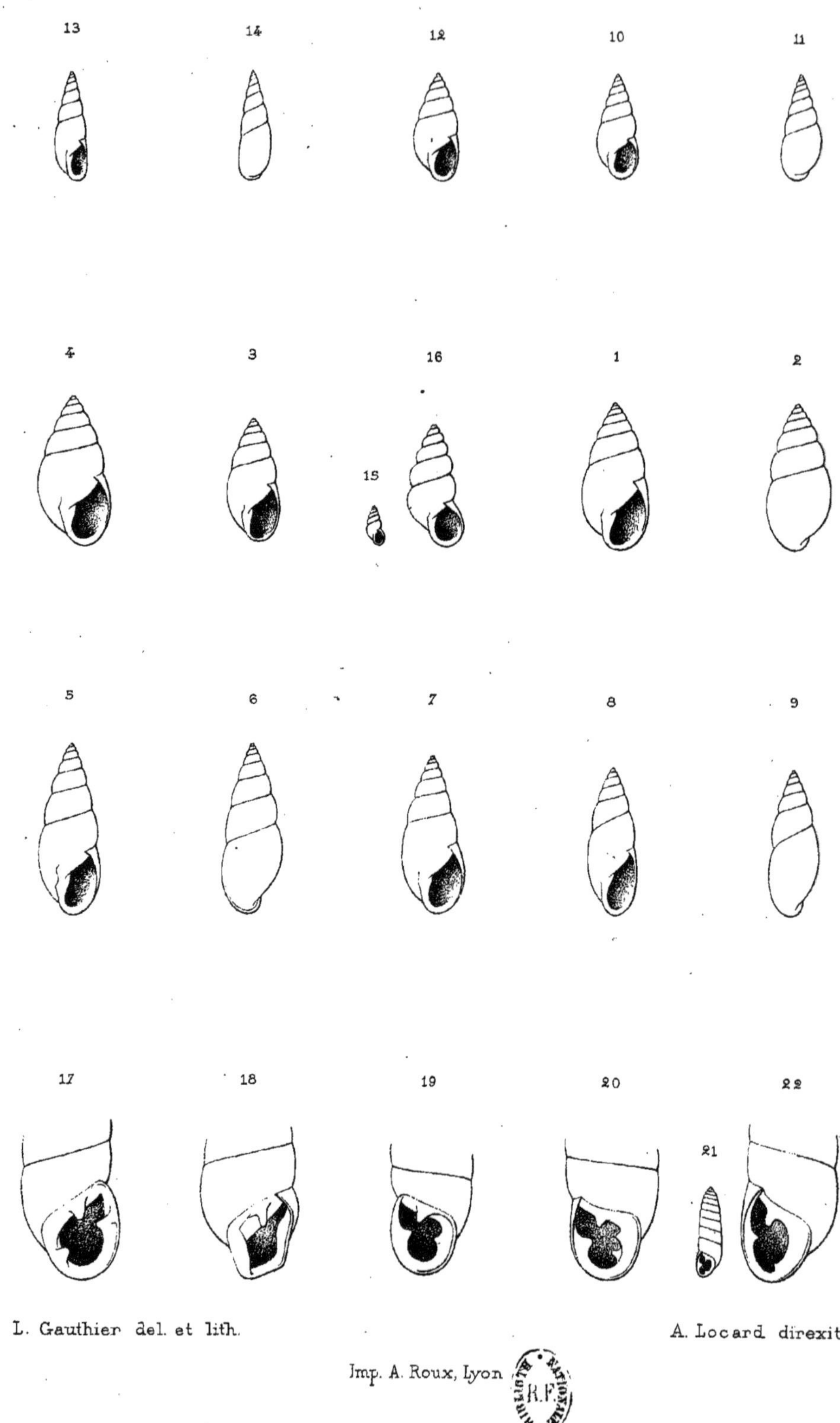

L. Gauthier del. et lith.

A. Locard direxit

Imp. A. Roux, Lyon

www.ingramcontent.com/pod-product-compliance
Ingram Content Group UK Ltd.
Pitfield, Milton Keynes, MK11 3LW, UK
UKHW021213230726
13926UKWH00001B/484

9 782013 577854